Girdieu 1756

Curiosités naturelles &c.

CATALOGUE
DES CURIOSITÉS
NATURELLES
DU SIEUR VERDIER.

La Vente s'en fera au plus Offrant & dernier Enchérisseur, à la maniere accoutumée le 1756. à trois heures précises de relevée & jours suivans sans interruption ; on commencera par les Curiosités, & on vendra indifféremment de tout à chaque vacation, à la volonté des Amateurs.

A PARIS,

Chez { SEBASTIEN JORRY, Quai des Augustins, près le Pont S. Michel, aux Cigognes.
DUCHESNE, rue S. Jacques, près la Fontaine S. Benoît, au Temple du Goût.

M. DCC. LVI.

Ces Curiosités consistent en une nombreuse Collection de Coquillages, Madrépores, Pétrifications, Cristalisations, Animaux, Plantes marines, Cailloux, Agathes, & autres productions tant de mer que de terre; quelques Tableaux, quelques Piéces de Porcelaine, plusieurs Ouvrages curieux de différentes matiéres & de la Musique.

AVIS

AUX CURIEUX.

MESSIEURS ET DAMES,

'OUVRAGE que je prends la liberté de mettre au jour étant de nature à ne demander que clarté & précision, toutes recherches pourroient y paroître déplacées, c'est pourquoi je me suis borné à en donner les noms différents, & surtout de ceux qui sont les plus connus des Curieux. Comme la Conchiologie & la Litologie renferment beaucoup de ces noms, je me suis principalement servi des lumieres que j'ai tirées des Recueils qui ont rapport à ce sujet.

La Collection que j'ai l'honneur

de vous présenter est composée d'un très-grand nombre de Coquilles, presque de toutes especes & de choix bien conservées, parmi lesquelles il y en a de très-belles & très-rares, tant par leurs qualités & grosseur, que par la variété des nuances & la beauté de leur Poli.

Les Madrepores sont presque de toutes les especes de différentes grandeur & grosseur, il y en a plusieurs de très-curieux, embellis d'Huitres épineuses ou d'autres Coquilles adhérentes; il y a des Cerveaux Marins à rézeaux & à bride, d'une grosseur extraordinaire, d'autres moyens & petits, des Correaux, quelques Animaux & Insectes partie dans l'esprit-de-vin; des Pannaches de Mer, des Lythophites fléxibles & autres, & des Coralloïdes, propres à mettre sous verre ou dans des Livres.

Les Pétrifications, Congellations & autres Productions Terrestres, sont nombreuses & de beaucoup d'especes,

Les Cailloux & Agathes consistent en quelques Vases, Plaques, autres Piéces & Pierres gravées.

Quelques Bronzes.

Des Tableaux.

Des Estampes.

Des Magots de la Chine.

Quelques Piéces de Porcelaines & autres Marchandises.

Des Instruments de Mathématique & de la Musique.

Je donnerai le vrai nom à plusieurs Piéces de chaque numéro. Si j'ai le bonheur que ma Collection puisse mériter l'attention de Messieurs & Dames j'aurai l'honneur de leur présenter d'autres curiosités l'année prochaine.

Peut-être trouvera-t-on quelques fautes dans cet Ouvrage, j'espere qu'on voudra bien avoir la bonté de m'excuser, en faisant attention que je n'ai pas eu assez de tems pour le rendre parfait.

AVERTISSEMENT.

CE Catalogue ne contenant que les principales Piéces des Curiosités Naturelles, pour éviter de faire un plus gros volume, on n'y fait point mention de la Musique & autre Marchandises curieuses.

CATALOGUE DES CURIOSITÉS NATURELLES

Du Sieur VERDIER.

NUMERO PREMIER.

UNE Boëte de Fluors Stallatites & Cerveaux marins.

2. Quinze Coquilles, dont un beau Scorpion, une tonne & autres.

3. Une Boëte de Coquilles assorties.

4. Un Assortiment d'Echinus, dont deux de la Mer rouge, un autre à bâton, & deux Crabes Indiens.

5. Vingt Coquilles, dont un beau Scorpion, un Tigre, un Porphyre, un Drap d'or, & autres.

6. Dix Coquilles, dont un Tigre à bande

jaune, un Drap d'or, une Piquure de Mouche, un Damier & autres.

7. Douze Coquilles, dont une Géographique, un Drap d'or, une Couronne Impériale, une Harpe ou Cassandre & autres

8. Coquilles.

Un Poisson Lune armé de ses épines, deux petits Crabes Indiens, une Grouppe de Glands Marins & un Assortiment d'Echinus.

9. Dix-sept Coquilles, dont un Scorpion, plusieurs beaux Murex de différentes qualités, bien colorés & autres Coquilles.

10. Treize Coquilles, dont une Brunette, un petit Drap orangé, deux Draps d'or différens, un Tigre à bande jaune & autres.

11. Douze Coquilles, dont une Brunette, un Drap d'or orangé, deux Draps d'or différens, une Cassandre & autres.

12. Onze Coquilles, dont une Géographique, un Drap d'or, un Tigre à bande jaune & autres.

13. Treize Coquilles, dont un beau Scorpion, une belle Came & autres.

14. Dix-neuf Coquilles dont deux beaux Murex à tubercule rares, trois beaux & gros Casques différens & autres.

15. Treize Coquilles, dont un beau Scor-

pion, trois belles Porcelaines différentes, une belle Came & autres.

16. Quinze Coquilles, dont une Couronne Impériale, un Aumus, un Tigre à bande jaune, un autre Tigre, deux draps d'or différens, une Ecorchée & autres Coquilles.

17. Sept Coquilles, dont un gros & beau bouton de la Chine, un beau & gros Murex à Tubercule rare, une Trompe Marine, & autres.

18. Un Cabaret d'ancien Saxe en relief doré composé de six tasses & leurs soucoupes, six gobelets, le sucrier & la théyere.

19. Deux Lanternes Chinoises.

20 Une Cave Pierre de Lard, montée en bois de rose, représentant des Chinois.

21. Onze Coquilles, dont un beau Scorpion, deux Draps d'or, une fausse Aîle de Papillon, & autres.

22. Deux Coquilles, dont une belle Couronne Impériale, un beau drap orange ou Brunette, d ux Draps d'or différens, un Tigre à bande jaune, une Ecorchée, une Chieure de Mouche & autres.

23. Vingt Coquilles, dont deux Perdrix, une tonne, un Jambon papiracé, trois Huitres feuilletées, une Groupe de Glands marins, ue Follade & autres.

24. Sept Echinus, dont un gros à Etoile des Indes, un petit de la Mer rouge, deux autres gros, dont un épineux & autres.

25. Un Pannache marin, une grosse Pyrithe & un gros morceau de Stallatite.

26. Un autre Pannache marin, une grosse Pyrithe & un gros morceau de Cristal de la Chine.

27. Une petite Plante de Corail & un petit Caillou adhérant, une branche de Corail brute, une autre branche dépouillée & une de Corail vertebrée.

28. Douze Coquilles, dont une Mitre & une Thiare, une grosse Olive, un Tigre à bande jaune, une Grouppe de Glands marins & autres Coquilles.

29. Dix Coquilles Bisvalves, dont un Cœur de la Chine & autres, une Figue & une Aîlée.

30. Neuf Coquilles, dont un beau Lima, Peau de Serpens, un Porphyre, un Drap d'or, un Tigre à bande jaune, deux Ecorchées différentes, & autres Coquilles.

31. Dix-neuf grosses Coquilles, dont trois beaux Casques tous différens & autres.

32. Treize grosses Coquilles, dont une belle Trompe Marine, quatre Casques tous différens, une Nacre de Perles,

un Burgos avec du Poil pardessus, & autres Coquilles.

33. Douze Coquilles, dont une Géographique, & une fausse, un Œuf, un Lima, peau de Serpens & autres.

34. Une Plante de Corail brute, une branche de Corail dépouillée & une branche de Corail vertebrée.

35. Douze Coquilles, dont un beau Lima, Peau de Serpens, un Porphyre, un Dauphin, une Aîlée, une Piqure de Mouche & autres.

36. Une Plante de Corail brute, une branche de Corail dépouillée & une branche de Corail vertebrée.

37. Un Lezard & une Grenouille, Ouvrage de Roberdai sur leurs deux terrasses, partie en Agathe ou Jaspe.

38. Treize Coquilles, dont une Mitre, une Thiarre, un Tigre à bande jaune, une Brunette & autres Coquilles.

39. Dix Coquilles, dont un beau Drap d'or, un autre imitant celui de la Chine, une Brunette, un Aumus, un Tigre a bande, trois Ecorchées différentes & deux autres Coquilles.

40. Un Tableau Pierre de Florence, dont le fond est arborisé, y ayant des maisons de rapport & deux autres Tableaux re-

présentant des Animaux aussi de rapport.

41. Un Tableau de rapport aussi en Pierre de Florence représentant un Arbre & deux Oiseaux pardessus dans sa bordure.

42. Un Christ de Bronze monté sur velours dans sa bordure partie de bronze dorée d'or moulu.

43. Deux petits Tableaux scrutés sur yvoire dans leur bordure, représentant deux Portraits.

44. Deux Chiens de Porcelaine de Japon ayant chacun un petit Chien sur le dos.

45. Un Pot pourri, Porcelaine de Chantilly, monté en Bronze doré.

46. Une Buire d'ancienne Porcelaine rouge & un Perroquet aussi ancienne Porcelaine.

47. Deux petits Oiseaux de Proie, de Japon.

48. Une Figure Chinoise représentant une Dame droite.

49. Une autre Figure de la Chine représentant une Dame assise.

50. Un Tableau représentant des Fruits.

51. Un Tableau original représentant S. Ignace.

52. Un Tableau original représentant des Gueux.

53. Un Tableau original représentant l'Entrée de la Reine Mere à Anvers.

54. Deux Tableaux paysages originaux de l'ancien Both.

55. Deux Mandragores & un Madrepore monté sur un pied.

56. Une Ecritoire à figures de Saxe, le plateau verni de Japon monté en or moulu.

57. Deux Perroquets de Japon.

58. Un Pot-pourri Chantilly monté en or moulu.

59. Un Pot-pourri terre de boucarau à feuilles tirées d'après nature.

60. Deux fontaines d'ancien Japon.

61. Deux Sangliers du Japon.

62. Deux beaux Chiens d'ancien Japon.

63. Un Satyre couché & doré en terre cuite.

64. Deux Oiseaux de Proye ancien Japon.

65. Une Buire à lion d'ancien Japon montée en Bronze doré & deux bouteilles à tabac aussi ancien Japon.

66. Une Garniture de cinq pieces de Porcelaines bleux lapis.

67. Vingt-deux Coquilles presque toutes bisvalves, dont un beau Cœur de Vénus, une Pintade, une petite huitre plate & autres.

68. Un beau Poisson volant, un Oiseau de Paradis, un petit Porc-épic marin, une Sauterelle des Indes, un Echinus, un Jambonneau, un œuf de Pingoin, une

culotte de quelques Animaux & deux pattes de Crabes Cocq du Levant.

69. Quatre Médailles émaillées sur cuivre, dont une montée en or, quatre petites pierres arborisées, un petit Jade, une autre pierre, une Coque de Perle & deux Pierres fines.

70. Quatre Pieces de Cristal de roche.

71. Six Pierres gravées Agathe ou Jaspe une de Lapis & une Mignature sur cuivre.

72. Vingt neuf boutons d'Agathe, trente Jettons d'Agathe & Jaspe, des Pierres à fusil de même & une de cristal de roche.

73. Six Pierres gravées, dont une Sardoine & un verre moullé.

74. Deux plaques de Lapis lasuli & une autre plaque même forme aussi Lapis, une Pierre de Florence représentant une ruine, une Plaque de Caillou d'Egypte, une Visitation sur Amatiste, une Plaque d'Amatiste, une Plaque de Cristal de Roche & une Cuvette d'Agathe.

75. Trois Plaques d'Agathe Orientale, deux autres Plaques d'Agathe, deux Plaques, Cailloux d'Egypte, une Plaque de Caillou de Renne, deux Plaques de Jaspe différentes.

76. Six Echinus, dont un gros à étoile & un petit de la Mer rouge, & autres.

Un Jambon épineux, une Peau de Serpens, un œuf d'Autruche peint.

77. Six Echinus, dont un grand à étoile, deux de la Mer rouge.

78. Une Taſſe en batteau d'Agathe transparente, un Seau de Criſtal de Roche, un Pâté de verre, Moulles.

79. Une Gondolle d'Agathe, un Vaſe de Criſtal de Roche & un Pâté de Corail ſcruté.

80. Un Vaſe de Criſtal de Roche & un Gobelet.

81. Une Gondolle d'Agathe, nuancée de rouge, trente-huit petites Pierres gravées ou non en Lapis Turquoiſe ou autres Pierres & un Sceau de Criſtal de Roche.

82. Un Vaſe & ſon couvercle de Jaſpe, un Mortier & ſon pilon d'Agathe.

83. Un Vaſe de Jaſpe & une Gondolle d'Agathe.

84. Un Porc-Epic Marin & deux Œufs d'Autruches.

85. Un Louis XIV. en Bronze ſur ſon pied.

86. Treize Coquilles, dont un beau Tigre, un Porphyre, une groſſe Olive, une flamboyante, un Aumus, une Brunette, un Drap orangé, une Harpe & autres.

87. Trente-huit Coquilles preſque toutes Biſvalves, dont un petit Cœur de Vénus,

une Pintade, une Huitre platte, un Conchas Veneris, une Moulle de Papoue, plusieurs Cames & Tellines assorties, parmi lesquelles il y en a de fort jolies, deux Lepas, une Moulle de Missisipy & autres.

88. Une Boëte de petites Vis dont il y en a de fort jolies & plusieurs dentales & autres.

89. Cinq petits morceaux d'Ambre à Insectes & un morceau de Gomme aussi à Insectes.

90. Deux Colibris, dont un nommé l'Oiseau de feu, parce qu'il jette une clarté la nuit, & une Sonnette du Serpent, nommé Serpent sonnette.

91. Vingt-quatre petites Coquilles, dont plusieurs Buccins fort jolis, sçavoir deux Minares & plusieurs Vis, une petite espéce de Scalata & autres.

92. Trente-six Olives assorties ou Muscades, parmi lesquelles il y a quelques petits Limas & manche de couteau.

93. Huit Cornets, dont une belle Couronne Impériale, un Drap d'or, un Aumus, un Tigre à bande jaune, une tine de beure & autres.

94. Vingt-deux Coquilles presque toutes Bisvalves, dont un beau Cœur de Vénus, un Conchas Veneris, plusieurs Tellines,

& autres, une Univalve Aîlé de Chauve-Souris.

95. Un Besouard Oriental, un autre Occidental, un morceau d'Ambre à Insectes, un morceau de Gomme aussi à Insectes.

96. Vingt-deux Coquilles, dont plusieurs Cornets, sçavoir une Brunette, un Drap orangé, une Piquure de Mouche, deux Draps d'or & autres assorties, quatre Aîlées différentes, une Aîle de Chauve-Souris & un Murex.

97. Dix petites Coquilles, dont quatre Cornets fort jolis, trois especes de Nerittes fort belles, un Maillot de la rare espece, une petite rappe & une petite Came.

98. Une Boëte de petites Coquilles, dont deux especes de Minarres, un Maillot & autres.

99. Vingt-sept petites Coquilles Buccins, Murex & autres.

100 Trente huit Coquilles, dont vingt-cinq belles Vis assorties, quatre Buccins & plusieurs Limas.

101 Trente-six petites Bisvalves assorties, dont un Cœur de Vénus, une petite inbricata ou Fettiere, un Conchas Veneris, & autres.

102. Dix Coquilles, dont une belle Géographique, un beau Lima, espéce de

Peau de Serpens, une Tonne Perdreau, une autre Papiraccé, une Harpe, & autres Coquilles.

103. Un Bezouard Occidental, un autre petit Bezoard Oriental, deux petits morceaux d'Ambre à Insectes, & un morceau de Gomme aussi à Insectes.

104 Dix Coquilles, dont un beau Drap d'or, un Cierge, trois tonnes, dont une papiraccé, un casque singulier ayant une bande, & autres.

105 Vingt neuf petites Coquilles, dont plusieurs Bisvalves, sçavoir trois Huitres plates façon de Pintades, deux petites feuilles, un Cœur triangulaire, un autre en fraise, une Datte, plusieurs autres Bisvalves, deux Cadrans ou Escaliers, un Mamellon blanc, deux Opercules, un Eperon & autres.

106 Dix-neuf Coquilles, dont une Arraignie mâle, un Tigre à bande jaune, une tine de beure, deux Harpes & autres Coquilles.

107. Six Coquilles, dont une espece de vice-Amiral d'Orange, un Cornet fort singulier, une flamboyante, un Aumus, une Arabique & une Olive.

108 Seize Coquilles, dont une Géographique, un Œuf, une belle Porcelaine, espece de Gondolle rare, une fausse Géo-

graphique ſinguliere, quatre autres Porcelaines, une Grouppe de Glands Marins, une tonne à tubercule, une Tulipe & autres.

109. Une Boëte de différentes petites Coquilles preſque toutes Biſvalves, dont un Cœur de Vénus, pluſieurs Huitres plattes fort jolies, un petit Echinus étoilé, une eſpèce de Vieille ridée, un Cloporte Marin, une Datte, un petit Maillot de la rare eſpèce, pluſieurs Biſvalves, & autres Coquilles.

110. Neuf Cornets, dont un beau Drap d'or, un Tigre à bande jaune, une Tine de Beure, deux écorchées différentes, un Cierge, & autres.

111. Vingt-cinq fort belles Vis, aſſorties, & quatre petits Ourſins.

112. Vingt-neuf Coquilles, dont pluſieurs tellines aſſorties, pluſieurs Limas & autres Coquilles.

113. Vingt-huit Olives aſſorties & trois Muſcades.

114. Vingt-cinq petites Coquilles Bivalves, dont une eſpece de Selle Polonnoiſe, pluſieurs petites Huitres plates rayonnées, & autres, une Moulle de Papouë, un Conchas veneris, deux Dattes de différentes couleurs & autres.

115. Trente Coquilles, dont un aſſorti

ment de Bivalves, un manche de Couteau, plusieurs Limas, & autres.

116 Une Boëte de Coquilles, dont un Jambon Oriental épineux.

117. Quatorze Coquilles, sçavoir un petit Murex fort rare à tubercule fond blanc & jaune pâle, un beau Porphyre, un Murex marbré rare, une Couronne d'Ethiopie, un Dauphin, cinq Olives, & autres.

118. Huit petites Coquilles, dont trois belles tarieres toutes différentes.

119 Onze Coquilles, dont une Couronne d'Ethiopie, une petite Aîle de Papillon, une flamboyante, une petite Conque Persique, une Brunette, un Lima, Peau de Serpens, une belle Harpe & quatre autres Coquilles.

120. Dix-neuf Coquilles, dont dix-sept rouleaux, sçavoir un Drap d'or façon de la Chine, des autres draps d'or, une brunette, un Drap orangé, une piquure de mouche, un Tigre à bande jaune & autres & deux autres Coquilles.

121. Sept Coquilles Porcelaines, dont une Géographique, & une fausse, un Argus & un faux, un bel œuf & deux autres Porcelaines.

122. Huit petites Coquilles dont deux espéces de minartes, trois fort jolis Buc-

cins, une Olive, espece de tarriere, un Murex feuilleté & un Mamellon blanc.

123. Dix-neuf Coquilles, dont un beau Navet papiracé, une Figue marbrée & une blanche, six aîlées toutes différentes & autres.

124. Vingt-une Coquilles, sçavoir quatorze Olives assorties, dont un Porphyre, deux autres à zonnes, une noire & autres, un Mamellon & six Muscades assorties.

125. Dix-huit Coquilles, dont quinze Coquilles Bivalves, tellines & Cames assorties & autres.

126. Treize Coquilles, dont une Conque Persique, une Harpe rare espece, un Cornet aîlé de Papillon, une Brunette, une Couronne Impériale, une bouche d'or, une bouche de vermeil, & autres.

127. Dix-neuf Coquilles, dont dix-sept Bivalves assorties, dont un Peigne & une Rape des Cames & tellines, un Lepas, & un Lima, espéce d'œil de Bouc.

128. Quatorze Coquilles, dont un singulier Dauphin quarré, un bel Aumus, un beau Drap d'or, une flamboyante, un autre Drap d'or singulier, une Brunette, une bouche d'or, une petite Couronne Impériale, un Mamellon & autres.

129. Un Serpent verd à Quadrilles de Surignan & un Oiseau des Indes, tous deux dans leurs bocals esprit-de-vin.

130. Un Lézard de Surignan, & un Serpent à tache brune sur le dos.

131. Un Serpent verd de Surignan, & un autre à tache brune sur le dos, dans deux Bocals esprit-de-vin.

132. Un Cayemant dans l'Esprit-de-vin.

133. Trente-deux Coquilles Bivalves assorties, dont une Pintade feüilletée épineuse, deux Moules, Plattes Orientales, un Cœur de Vénus, un Conchas Vénéris, & autres, & un beau Lepas.

134. Vingt Coquilles, dont dix-huit Olives, plusieurs pendantes, & très-belles, sçavoir un Porpyhre & autres, & deux Muscades.

135. Neuf Coquilles dont uneGéographique & une fausse, un Argus & un faux, un Œuf, deux autres Porcelaines, un Casque & une Veuve.

136. Treize petites Coquilles, dont quatre beaux tarieres, tous différens & autres.

137. Vingt-une Coquilles assorties.

138. Seize Coquilles, dont une Groupe de Glands Marins & autres Coquilles assorties.

139. Un Madrépore à feuilles, représentant

une Tulipe, espece de Cerveau marin à ſtroïle & une Congellation.

140. Un Rat de Surignan avec tous ſes petits dans l'eſprit-de-vin.

141. Six Corralloïdes.

142. Un jeune Crocodille dans l'eſprit-de-vin.

143. Six Corralloïdes propres à mettre ſous verres ou dans des Livres.

144. Une Plante de Corail ſur ſon rocher, & un autre de Corail blanc.

145. Une belle Congellation & un autre petit Morceau.

146. Sept petites Coquilles, dont deux petites Minares, un fort joli Buccin, un autre à tubercule & à bouche rouge, une tine de beure & autres.

147 Neuf Coquilles Bivalves dont un beau Choux à tache rouge & épineux, un beau Cœur de Vénus, deux Tellines de différentes couleurs, une Telline coudée, un petit Manteau Ducal, une Rape.

148. Vingt belles Neritres aſſorties, quelques Quenottes ſeignantes.

149. Dix-ſept Coquilles, dont deux beaux Draps d'or pendants, deux Harpes, dont une d'un goût ſingulier, & le ſurplus tous Cornets différens.

150. Douze Coquilles, dont un beau Lima

rubanné en forme de trompe, un autre fort joli Lima, une petite Notille, un Ruban, un Cœur triangulaire, un Dauphin, deux Cadrans de différentes couleurs, une Tonne de la rare eſpece, une petite Aîlée à bande & deux Porcelaines.

151. Trente-trois Coquilles aſſorties, dont pluſieurs Draps d'or & autres fort jolis.

152. Huit petites Coquilles, dont trois Minares, quatre fort jolis Buccins, & un petit Cornet façon de Vice-Amiral d'Orange.

153. Trente-ſix Coquilles Nerittes, dont pluſieurs Quenottes ſeignantes, quelques Limas & Buccins.

154. Dix petites Coquilles dont un Cœur triangulaire, un Lima, Lampe antique, une Muſcade ou Gondolle papiracée, une Piquure de Mouche, une Tonne de la rare eſpece, un Mamellon blanc, deux Cadrans de différentes couleurs, & un Conchas veneris.

155. Six petites Coquilles, dont deux Buccins minarres, un Aumus, une tine de beurre, & deux autres.

156. Treize Coquilles aſſorties.

157. Treize Coquilles, dont une Minime, un Aumus, une tine de beurre, une Brunette, un Tigre à bande jaune, une

Bouche d'or, un Lima, peau de Serpent, un autre Lima, cul de lampe, un Murex chargé de Tubercule sur tout son corps, un Buccin jaune, une Musique, une Harpe, & une Tonne chargée de Tubercules.

158 Vingt-quatre Coquilles, tant Buccins que Lima & Cul-de-Lampe.

159. Douze Coquilles dont un pourpre, une Beccassine, une Massue, une Musique, une Tulippe, une Groupe de Glands Marins & autres.

160. Dix huit Coquilles dont une Figue, une belle Oreille d'Asne & autres assorties.

161. Onze Coquilles, dont une espece de gros bouton de camisole très-magnifique qu'on pourroit même nommer bouton de surtout, le fond est rouge, verd & noir chargé de grains, la bouche formant deux lêvres & une zone en dedans de la bouche, un beau Dauphin, un gros Mamelon, un beau Drap d'or, une Tonne de rare espéce, une belle Harpe, un petit Murex à tubercule, un Cornet & une petite Porcelaine.

162. Vingt-une Coquilles assorties, dont quelques Draps d'or.

163. Dix-huit Coquilles assorties, dont une belle Couronne Impériale, une Har-

pe rare, une belle Oreille d'Asne, une Arabique, plusieurs beaux Cornets, un petit Casque de la rare espece, & autres.

164. Six très-beaux Buccins, dont plusieurs Minares.

165. Un Mortier d'Agathe & un Pilon, un Pied-destal ou Colomne d'Agathe propre à mettre une Statue.

166. Une Gondolle d'Agathe, un Mortier & un Pilon aussi d'Agathe transparente.

167. Une Plante de Corail brute, & une Branche de Corail vertebrée.

168. Une Tabatiere Caillou d'Egypte non montée, deux Médaillons d'Empereurs sur pierre noire, un petit Portrait ou Mignature façon de Petittau, & une Plaque de Cornaline blanche.

169. Une Plaque quarrée de Lapis Lazuli, une Visitation sur prime Damatiste, & une Fleur-de-Lys Cristal de roche.

170. Six Pierres d'Agathe gravées représentant différens sujets.

171. Quatre Plaques d'Agathe Orientales.

172. Une Branche de Corail poli & une vertebrée blanc & noir.

173. Plusieurs Coquilles, dont une Vis grosse allaine, un Buccin, un Murex, un Gland marin & autres assorties.

174. Onze Coquilles, dont une Becassine,

un Gland marin, & autres aſſorties.
175. Douze Coquilles, dont un pourpre, une Figue, un Lard, une Maſſue d'Hercule, une Chauve-Souris & autres.
176. Deux Madrépores, dont un repréſentant une Plante étrangere, eſpece d'arbriſſeau, & l'autre à pointe ronde & chargé d'aſtroïtes.
177. Un autre Madrépore en feuille, eſpece de Cerveau marin, Aſtroïte où il y a une eſpece d'Huitre épineuſe adhérente, & un autre Madrépore en feuilles.
178. Une Cuillier & une Fourchette d'Agathe montée en argent, & une Tabatiere de Jaſpe non montée.
179. Une Plaque de Jade blanc, & deux Camayeux de cailloux de riviere, repréſentant un Empereur & un Conſul Romain faiſant pendants.
180. Un beau Cerveau marin à bride, d'une forme ronde, peſant environ 80 livres.
181. Sept Coquilles, dont une belle Telline à rayon couleur de roſe, un beau Cœur de Vénus, un Lepas, une Telline à rayon violet, une Came & un Peigne.
182. Sept Aîlées, dont une allongée, un autre, la Tourterelle, une bouche noire & rouge, & autres.
183. Sept Olives, dont un beau Porphyre,

six autres belles assorties & une Muscade.

184. Huit Coquilles, dont un petit Cornet dépouillé fond violet, une Tour de Babel, un fort beau Buccin, fond brun rubanné de blanc, un petit Fuseau, trois Buccins & un Murex à Tubercule sur sa Clavicule.

185. Onze Coquilles, sçavoir un beau Bois veiné rare, fond blanc marbré de jaune, une espece de Porcelaine rare, une Gondole marbrée, une Figue, un petit Prépuce, une Tonne cannelée marbrée, un Casque pavé & quatre Porcelaines.

186. Sept Cornets ou Rouleaux, dont un beau Drap d'or, un Aumus, un Tigre à bande jaune, deux belles Ecorchées différentes.

187. Neuf Coquilles, dont quatre Vis, sçavoir une Allaine & trois autres assorties, une Tulipe, trois Buccins différens, & un autre avec des filets noirs.

188. Sept belles Olives assorties, dont un beau Porphyre, un autre rare, une noire & une Muscade & autres.

189. Onze Coquilles, dont deux belles flamboyantes de différentes couleurs, une Arraignée de l'espece de mille pattes, une Aîlée, la Tourterelle, deux autres Aîlées, une Bouche noire & rouge, une

Figue, un Buccin jaune, un Rouleau dépouillé à zonne violette, un Rouleau brocard de soye.

190. Sept Coquilles, dont une belle Mitre, une Thiare, un Tigre à bande jaune, deux Ecorchées de différentes couleurs, un Plein-chant, & un Foudre ou bois veiné.

191. Un beau Madrepore de seize pouces d'hauteur, à feuilles, ayant plusieurs particularités.

192. Neuf Coquilles, dont un très-beau Lima rubanné espece de lampe, un autre Lima fond jaune nommé par plusieurs le Maron, deux Cadrans ou Escaliers de différentes couleurs, un autre petit Lima à cul-de-lampe, un Cœur triangulaire & un autre en fraise, une petite Harpe & un Ruban.

193. Sept Coquilles, dont un bel Arrosoir un peu mutilé, cinq Vis assorties, dont une Buire & un Casque pavé.

194. Une Paysanne de Bronze sur un pied de Marquetterie.

195. Une grande Buire de rapport en Burgos & sa Soucoupe aussi de rapport.

196. Huit Coquilles, dont un beau Lima, Cornet de S. Hubert ou de Chasseur rubanné, un autre Lima rubanné, une

Vieille ridée, un Cadran ou Scalier, une espece de Dauphin singulier, deux Nerites, dont une cannelée & une petite Mure.

197. Neuf Coquilles, Vis assorties & un Buccin minarre.

198. Une Grouppe de Bronze enfans.

199. Neuf Coquilles, dont un très-beau Lepas, cinq Aîlées, sçavoir une appellée par plusieurs la Tourterelle, une autre rayonnée, une Bouche noire, une autre dorée, un Pourpre & deux Beccassines, dont une blanche.

200. Neuf Coquilles, dont un fort joli Fuseau, six Vis toutes différentes, un Buccin jaune, & une fort jolie petite Coquille espece de grand Fuseau.

201. Une belle Tasse en Batteau d'Agathe transparente, une Tasse de Caillou & un petit Sceau de Cristal de Roche.

202. Une Tasse d'Agathe Orientale, une petite Tabatiere de Chasseur non montée, & une Gondolle de Jaspe rouge cristalisée.

203. Une Tasse & sa soucoupe de Corne de Rhinoceros, une belle & grosse Molette d'Agathe, une autre Molette emmanchée, un fort joli Caillou de la grosseur d'une noix travaillé, une Pierre verte pour bague ou pour ornement.

204. Un petit Gobelet d'Agathe Orientale,

une petite Gondole en forme de Soucoupe d'Agathe, un Couteau à manche d'Ambre, trois petites Cuvettes de cristal de roche propres à mettre des Pierres, une autre petite Cuvette d'Agathe, & deux autres morceaux en creux.

205. Deux Mortiers d'Agathe, dont un noir & leur Pilon & un Seau de Cristal de Roche.

206. Un petit Vase de Jade, une tasse d'Agathe & une Tabatiere de Cristal de Roche non montée.

207 Un Vase de Corne de Rhinocéros, monté en Vermeil.

208. Une Tasse avec sa soucoupe Agathe rouge cristalisée & une grande Gondole d'Agathe.

209. Une fort grande Gondolle de Cristal de Roche, & une autre d'Agathe.

210. Une fort belle Anse de Cristal de Roche, un Sceau aussi Cristal de Roche, & une fort belle Mollette d'Agathe orientée, dans laquelle on apperçoit des yeux.

211. Une Vierge d'Ambre sur son pied, une Tête de Mort Damatiste, un Chapelet d'Ambre, & une petite Gloire de Corail.

212. Deux fort jolis petits Vases d'Ambre,

& un autre d'Agathe, monté partie en vermeil.

213. Dix Limas, dont un très beau Mamellon couleur de marons, un autre Mamellon presque couleur d'olive, un autre blanc de lait, & sept belles Nerites.

214. Neuf Coquilles, dont deux Bivalves, sçavoir un Cœur triangulaire, & un autre en fraise, un beau Lima rubanné, un Naver papiracé, & une Muscade ou petite Gondolle aussi papiracée, un Ruban, un petit Lepas chambré, & deux petits Limas.

215. Sept Coquilles, dont un beau Cœur de Vénus, un Conchas Veneris, un beau Lima en forme de Trompe & la bouche orientée, un petit Ruban, une petite Telline, une Figue & un Lepas.

216. Cinq Coquilles, dont deux beaux Limas pendans, peau de Serpent, un autre Lima, une Harpe & un Cœur de Bœuf.

217. Six Coquilles univalves, dont une belle & grosse Figue marbrée, une autre blanche, une Aîlée allongée, une Harpe, un Buccin Tulipe, & un Casque.

218. Cinq Vis assorties, dont une belle Allaine, & une Vis de pressoir.

219. Six Coquilles, dont trois Bisvalves,

sçavoir une grande Telline rayonnée couleur de rose, une grosse Rappe ou Lime, un Conchas Veneris, un Lepas blanc, à côté une belle Figue blanche, & une Vitre Chinoise.

220. Une belle Plaque d'Ambre transparente, pleine d'accidens singuliers, un Morceau de Gomme où il y a du bois dedans, un autre plein d'Insectes.

221. Dix Coquilles, dont un petit Navet papiracé, une Muscade ou Gondole aussi papiracé, un Lepas Cabuchon très rare une petite Arche de Noé singuliere avec quelques poils de Bissu, un Ruban, un Cœur en fraise & quatre autres Coquilles.

222 Neuf belles Vis assorties, dont une Allaine.

223 Une Plante de Corail, & une petite Boëte de Coquilles Semences.

224. Un gros Cerveau Marin représentant une Dentelle à rezeau.

225. Une Plaque d'Ambre à Insectes, & quelques autres Accidens, une Huitre plate Orientale.

226. Six Coquilles Bisvalves, dont un beau Cœur de Vénus où il y a des teintes couleurs de rose pâle, une Huitre singuliere, une fort jolie Came marbrée,

une telline cambrée, une petite telline & une Came cannelée.

227. Six Coquilles Bisvalves, dont une Huitre singuliere à fond violet papiracé, & un petit Gland marin adhérant, un Benitier, une fort jolie Came marbrée, une autre petite Came à cercle en relief, une autre Came & un Peigne.

228. Six Coquilles d°. dont un beau Cœur de Vénus ou il y a quelques taches rouges, une petite Huitre platte fond Cramoisi imitant une feuille, une Telline & un petit Peigne.

229. Cinq Coquilles Bisvalves, dont un Cœur triangulaire, un autre Cœur en Fraise, une petite Came marbrée en zig-zague, une autre Came espece de Corbeille, un petit Manteau Ducal, & un Lima espece d'œil de Bouc.

230. Cinq Coquilles, dont un beau Fuseau & quatre Vis dont une Buire, une Chenille & deux autres Vis.

231. Six Coquilles Bisvalves, dont un Manteau Ducal, une Telline singuliere, violette, chamarée d'un blanc sale, une grande Telline, fond blanc à cercle rouge & jaune, une autre petite Huitre feuilletée, une petite Came marbrée, & une pelure d'oignons.

232. Six Coquilles d°. dont une petite Saule, une Came, espece de corbeille coudée & chagrinée à rayon couleur de rose, une petite Huitre plate, un Conchas venetis, une petite Telline rayonnée couleur de rose, & un petit Manteau Ducal.

233. Un beau & grand Madrépore à feuille où il y a des tubercules vermiculaires & une petite Huitre épineuse & autres Coquilles adhérantes.

234. Un beau Litophite, dont les branches sont bien distribuées, consistance de bois & un Madrepore en forme d'épi de bled.

235. Une Coquille d'une feuille de choux, propre à faire un Benitier, un beau Casque, & une Trompe Marine.

236. Deux Lithophytes consistance de bois, dont un très-singulier ayant plusieurs branches transparentes comme une belle Sardoine.

237. Un Madrépore plat de forme ronde d'un pied de diametre représentant une belle botte d'Asperges.

238. Une belle Conque Persique avec son Epiderme & un Murex oreille.

239. Cinq Coquilles Bisvalves, dont deux Limas, Pendans, peau de Serpent, un

petit Scorpion bien marbré, une Tonne cannelée à dents & levres retroussée l'intérieur jaune & une Tonne Perdreaux.

240. SeptCoquilles unisvalves, dont quatre Lima, sçavoir une belle Lampe Antique rubannée de blanc, de jaune, & d'un beau brun obscur, un autre beau Lima espece de Lampe nuancé de plusieurs couleurs tirant sur l'Avanturine, un petit Cornet de S. Hubert ou de Chasseur rubanné, un autre Lima fond jaune, deux Nerittes, une petite Harpe.

241. SixCoquilles Bisvalves, dont une feuille de choux tachetée de rouge, une Pintade, une petite espece de Vieille ridée, un petit Manteau Ducal, une Came licée & un Lepas à pointe rayonnée.

242. Trois Coquilles, dont une Figue blanche, une Couronne d'Ethiopie, trois Bisvalves, dont un Cœur en fraise, un Peigne & une Teline.

243. Quatre Vis, dont une belle Allaine, une Vis de Pressoir à ruban jaune, une espece de Thélescope & un Buccin à tubercule blanc & brun.

244. Cinq Coquilles dont une Arraignée espece de mille pattes, une belle Couronne Impériale, un beau Pourpre brun marbré de blanc, une Tine de beurre

& un Murex à cloux sur sa clavicule.

245. Cinq Porcelaines dont une belle Géographique & les yeux d'Argus avec les taches noires pardessous, un bel Œuf, un faux Argus & autre.

246. Six Coquilles dont un beau Lima verd, Perroquet à bouche d'argent, un Buccin culotte de Suisse, une Massue d'Hercule de la rare espece, une Grimace, un Murex blanc à tubercule sur sa clavicule & une Tonne cannelée à lévres retroussées.

247. Une Coquille d'un beau Char de Neptune ou Thuile, propre à faire un Benitier dans une Chapelle, une belle & grosse Trompe marine, & une grosse Coquille alambique dont la bouche teinte de couleur roze pâle.

248. Deux Coquilles feuilles de choux, à-peu-près Bisvalves, un beau Casque marbré de plusieurs couleurs & un Murex à tubercule sur sa clavicule.

249. Un Madrépore fort singulier & plat de forme ronde d'un pied un pouce de diamettre & feuilles fort minces, espece de Cerveaux marins astroites, dont le dessous est d'une forme baroque, où il y a une Coquille d'une Huitre épineuse fond rouge & une petite Datte,

250. Un beau Madrépore plat d'une forme ronde, d'environ douze pouces de diamêtre, reptésentant une belle botte d'Asperges, & un Madrépore d'une autre espece adhérant pardessous.

251. Quatre Coquilles Bisvalves, dont une espece de Corbeille chagrinée, une Came, un Lepas blanc, un Peigne & une Teline.

252. Un beau & gros Cerveau marin, représentant une dentelle à bride pesant environ 80 liv.

253. Cinq Bisvalves, dont une belle Saule, une Telline violette rayonnée de blanc, un petit Manteau blanc marbré d'un brun clair, une espece de Vieille ridée, une Came, un Lepas blanc à côte.

254. Six Bisvalves, dont un beau Manteau Ducal, une Teline fond blanc à cercle jaune, un Cœur de Vénus, une Came Point d'Hongrie, une autre Came, & un Jamboneau papiracé.

255. Une Pintade, une espece de Corbeille chagrinée & rayonnée de couleur roze, une Telline cambrée, une Moule de Mississipi, une autre Telline dont les extrémités sont jaunes, & un beau Lepas.

255. Six Coquilles dont un beau Fuseau

ou quenouille, une Vis de Pressoir, une Aîlée nommée par quelques-uns la Tourterelle, une Aîlée allongée, une petite Thiarre & une Mître.

256. Six Coquilles, un beau Cierge Onix, deux belles Brunettes, une Bouche rouge, une Ailée & un petit Buccin.

257. Quatre Coquilles Bisvalves, dont une belle Came espece d'Ecriture Chinoise, une autre espece de Corbeille chagrinée, un Lepas blanc à côte, un Peigne & une Teline.

259. Cinq Coquilles Bisvalves, dont un Manteau Ducal, une Huitre, espece de feuille dont le dessous a des taches rouges, un Conchas veneris, une Teline, une Arche de Noé, & un beau Lepas étoilé.

260. Six Coquilles, dont une volute dépouillée, fond blanc à zonne violette, une autre volute nommée la Spéculation, un Cornet fond jaune, un Cierge ou Onix, un Tigre & une jolie Ecorchée.

260. Une Arraignée, une belle & grosse Grimace, un Casque pavé, une Harpe & un Roulleau violet & rouge.

262. Une belle Vis nommée Lallaine, une Vis de Pressoir, une Bouche noire, une rouge, & une Aîlée.

263. Cinq Coquilles, dont deux beaux Draps d'or, une belle Couronne Impériale, un Tigre à bande jaune, & un autre Cornet nommé le Spectre.

264. Cinq Coquilles, dont une Tine de Beurre, un Cierge ou Onix, un Tigre à bande jaune, un Damier, & une Ecorchée.

265. Trois belles Olives, dont une fond brun, une autre de plusieurs couleurs en zigue-zague, une Harpe, une Grimace, & une Muscade.

266. Six Coquilles, Cornet, ou Roulleaux, dont l'Aumus, un beau Cornet à zaune, fond blanc & jaune, deux Brunettes ou Draps orangés, & deux Ecorchées de différentes couleurs.

267. Cinq Porcelaines, dont une belle Géographique, une autre les yeux d'Argus avec les taches noires pardessous, un Œuf & deux autres Porcelaines.

268. Quatre Coquilles, dont une belle & grosse Ecorchée, un beau Cornet, fond blanc rayonné, une zonne qui est dessus, fond brun obscur, un Tigre à bande jaune & un autre Tigre ou Damier.

269. Six Coquilles, dont un très-beau Cornet fond jaune, nuancées, un autre beau Cornet aussi fond jaune, un Damier, une Ecorchée & autres.

270. Deux beaux Limas pendans, Peau de Serpent, dont un rubanné, un autre Limas fond jaune, un Scorpion & un Murex à tubercule repréſentant du lard.

271. Quatre Coquilles, dont une belle Couronne Impériale, deux belles Ecorchées de différente couleur, & un autre Cornet.

272. Trois belles Olives, dont une brune foncée & une autre à bouche rouge, une belle Aîlée fond brun, une Piquure de Mouche & une Muſcade.

273. Deux très-beaux Draps d'or & une très-belle Brunette ou Drap orangé, une Ecorchée & une Oreille fond jaune & à bouche jaune.

274. Cinq Porcelaines, dont la Géographique, les yeux d'Argus & trois autres.

275. Quatre Coquilles, dont une belle tine de beurre, un Tigre à bande jaune, une magnifique Ecorchée, dont le côté eſt comme arboriſé, & on y diſtingue quelques lettres, & un Damier.

276. Six Coquilles, dont deux Limas pendans, Peau de Serpens, un Mamellon couleur de chair rayé, une Harpe, un Pourpre ou bois veiné.

277. Une fort belle & groſſe Ecorchée, un beau & gros Brocard de ſoye, une belle Onix, & un Tigre.

278. Trois belles grosses Olives marbrées à zônes, une Muscade, une petite Gondolle ou Mure & une Harpe.

279. Trois Coquilles, dont deux très-belles Brunettes, une Ecorchée, une Tonne cannelée, & une Harpe.

280. Un Madrépore à feuille en forme de Grotte, & un Priape Madrépore.

281. Un beau & gros Madrépore à feuille, où il y a une belle Huitre épineuse d'un rouge pâle, & autres Coquilles adhérentes.

282. Cinq Coquilles Unisvalves, dont une belle Couronne d'Ethiopie, un Casque de la rare espece marbré, un Scorpion, une Harpe & un fort joli Casque.

283. Sept Coquilles Unisvalves, dont un fort joli Fuseau marbré de brun, une Thyare & une Mitre, une Vis de Pressoir, une petite Tour de Babel, une Beccassine & une Tulipe.

284. Cinq Coquilles Bisvalves, dont une belle Pintade, une belle Ecriture Chinoise ou Arabique, un Peigne, un Cœur de Bœuf épineux, un petit Jambon papiracé, & une Coquille d'une Coraline ayant deux Coquilles adhérentes.

285. Cinq Coquilles unisvalves, dont un très-beau Navet ou Radix à bouche gau-

dronnée & teinte de quelques couleurs, une Arraignée espece de mille pattes, une Pourpre, un Casque pavé, & une Tonne avec plusieurs marbrures d'un brun clair.

286. Un Madrépore représentant un Choux-Fleurs, & un autre d'un goût singulier sur sa racine, & une Trompe marine.

287. Un Madrépore espece de feuille de choux, une Coquille, Casque & une grosse Porcelaine tigrée.

288. Une belle & grande Bisvalve Pintade, & trois Coquilles Bisvalves rares.

289. Deux Coquilles feuilles de Choux, une belle & grosse trompe Marine, & un Murex à Tubercule sur sa Clavicule.

290. Un Madrépore représentant une gerbe de bled ou une botte d'Asperges, & un autre petit représentant un Œillet.

291. Un Madrépore Cerveau marin à rézeau, lequel nage sur l'eau quoique pierre.

292. Sept Coquilles Bisvalves, dont une belle Teline à cercle blanc rayonné d'un rouge couleur de vin, un beau Manteau Ducal bien marbré, une espece de Vieille ridée marbrée du côté de sa charniere, une espece d'Arche de Noé cannelée blanche, deux Cames, une Telline, & un beau Lepas à œil de Bouc.

293. Six Coquilles Bisvalves dont un Cœur

triangulaire, un autre Cœur en fraiſe, un Conchas véneris, une Huitre feuilletée plate avec quelques rayons couleur de roze, une petite Came tronquée, & une autre petite Came blanche & le dedans d'un jaune clair, un beau Navet papiracé, & une Figue.

294. Neuf Coquilles Limas, dont un très-beau fond canelle clair, & un Ruban blanc & ſa bouche d'un beau rouge, un autre Lima en trompe rubanné, & un autre petit Ruban, un Cornet de S. Hubert ou de Chaſſeur rubanné, deux autres Limas, dont un taché de couleur de vin, & deux Nérites.

295. Sept Coquilles Biſvalves, dont une eſpece de Corbeille tricotée, une Came avec des Deſſins en zigue-zague, une autre Came Point d'Hongrie, une imbricata, deux autres Cames, & une Telline blanche dont les bords intérieurs ſont violets.

296. Six Coquilles Uniſvalves, dont une belle Vis nommée Allaine, une Culotte de Suiſſe, un Scorpion, une Vis de Preſſoir, un Buccin tulippe, & un Gland marin.

297. Sept Coquilles Uniſvalves, dont un fort joli petit Fuſeau, un fort beau Buc-

cin fond blanc rayé d'un canelle clair, une Aîle allongée, une Vis de Pressoir, une petite Mitre, une Thyarre, & une Becassine.

298. Cinq Coquilles Univalves, dont une belle grande Couronne d'Ethiopie, une belle Tonne cannelée, une belle Harpe, un Buccin tulipe, un Murex à Tubercule sur sa Clavicule.

299. Six Coquilles, dont une belle Teline fond blanc cerclée d'un beau jaune transparent, une belle Moule de Missipipi, dépouillée, une pelure d'oignon, un Cœur de Bœuf épineux, une belle & grosse Opercule, & un Lepas blanc à côte.

300. Six Coquilles Bivalves, dont une belle Ecriture Chinoise ou Arabique, une autre Came de même espéce, partie violette, une belle Rape ou Lime, deux Telines, & un Cœur de Bœuf.

301. Six Coquilles, dont une belle Quenouille ou Fuseau, une Thiare & une Mitre, une Araignée, une Harpe, & une Becasse épineuse.

302. Cinq Coquilles unisvalves, dont un beau Lima vert Perroquet, une Culotte de Suisse, un Buccin nommé le Dragon,

une Tonne à dent nommée par les Hollandois le Bezoard, & un Groupe de Glands Marins.

303. Cinq Coquilles unisvalves, dont une belle Porcelaine, un Œuf, un Casque de la rare espece marbré, un Lima vert à bouche d'argent, une autre Veuve, & une Harpe.

304 Six Coquilles unisvalves dont une belle & grosse Grimace, une Couronne d'Ethiopie, un Buccin nommé par plusieurs le Dragon, une belle Musique, un Lima dépouillé, un Grouppe de Glands Marins.

305. Quatre Coquilles unisvalves, dont une belle Tine de beure, une Arraignée, une Tonne cannelée bien conservée, & une Trompe Marine.

306. Sept Coquilles unisvalves, dont une belle Grive, deux Limas Peau de Serpent faisant pendants, une goffrée, une Piquure de Mouche, un petit Drap, & un Tigre ou Damier.

307. Six Coquilles Bisvalves, dont une jolie Feuille de Choux, une grande Came dépouillée, un Conchas veneris, une Came blanche & brune, une Telline safranée, & un Cœur de Beuf.

308. Une production Marine ou Madrepore

épineux, un autre Madrepore sur une espece de Coquille Dauphin, un petit Madrepore à feuille de Choux, un autre petit imitant un Arbrisseau, & un Cerveau Marin représentant une Dentelle à rézeaux.

309. Un Madrepore représentant un Choux-fleurs, cru sur un Cerveau Marin astroïte, une grosse Tube vermiculaire où il y a un petit Cerveau Marin, des Coquilles pétrifiées adhérantes, & un petit Madrepore.

310. Trois Coquilles, dont une grosse Bisvalve, Feuilles de Choux, une grosse Tonne cannelée & un gros Murex à Tubercules.

211. Cinq Coquilles Bisvalves, dont une belle Saule représentante une perspective, un Conchas veneris, une Teline fond jaune, une Came blanche, & un Lepas Oriental.

312. Huit Coquilles Unisvalves, dont un Murex à Tubercules espece de dents de Chien, un beau Lima grive, deux Limas fond jaune, nommé par plusieurs le Maron, une fort jolie Harpe, un Pourpre, une petite Tonne blanche & un Buccin.

313. Cinq Coquilles Unisvalves, dont une belle Quenouille ou Fuseau, une petite

Vis nommée Alaine, un Scorpion, une Tulipe & une Trompe Marine.

514. Cinq Coquilles Unisvalves, dont une fort belle Vis nommée Alaine, une belle Vis de Pressoir, une Cordeliere, une Tulipe, & un fort joli Buccin.

315. Six Coquilles Bisvalves, dont une Came Point d'Hongrie, une autre Epaulée, ayant des Dessins en zigue-zagues, une espece de Corbeille chagrinée & rayonnée couleur de rose, une autre Came espece d'Epaulée rayonnée aurore, une Rape ou Lime, une autre Came dépouillée d'un blanc transparent, & orientée.

516. Cinq Coquilles unisvalves, dont un beau Scorpion mâle, un beau Navet blanc papiracé, un beau Lepas en Gondolle, une Figue, & une Tonne papiracée.

517. Cinq Coquilles unisvalves, dont deux belles Couronnes d'Ethiopie de moyenne grosseur, deux petites Tonnes Perdreaux, & une belle Oreille de mer fond brun & verd.

518. Six Coquilles Bisvalves, dont une belle Corbeille chagrinée, une Teline blanche rayonnée couleur de rose, une Moule de Papouë, dont la tête couleur

de

de rose, une Came marbrée d'un canelle clair, une Teline safranée, & un petit Manteau Ducal.

319. Sept Coquilles Bisvalves, dont une Came tronquée avec Dessins en ziguezagues, un beau Manteau Ducal, une Gourgandine, une petite Came représentant une feuille, une autre avec des cercles en reliefs, une autre licée, & une autre petite couleur de cendre, son intérieur safrané.

320 Six Coquilles Bisvalves, dont une Came à Point d'Hongrie, une autre Epaulée & coudée fond blanc rayonné, un beau Conchas veneris, un petit Manteau, une Teline fond blanc rayonné de violet, un autre fond blanc à cercles rouges.

321. Cinq Coquilles Bisvalves, dont une écriture Chinoise ou Arabique, une espece d'Epaulée de couleur de ventre de Biche pâle, une Rape ou Lime, un Imblicata & une Teline.

322. Quatre Coquilles, dont deux Bisvalves, sçavoir un beau Cœur voluté & dépouillé, un autre Cœur cannelé, une belle Porcelaine Géographique, & une Tonne cannelée à grosses lévres.

323. Cinq Coquilles Unisvalves, dont une

belle & grosse Couronne d'Ethiopie, une Thiare & une Mitre, une Trompe marine, & un Murex à Tubercules sur sa Clavicule.

324. Cinq Coquilles, dont trois Bisvalves, sçavoir un beau Manteau Ducal bien coloré, une belle Teline coudée fond jaune, rayonnée d'un rouge pâle, une Came marbrée, un Lepas d'un blanc sale à côtes de Melon, & un autre Lepas Oriental.

325. Huit Coquilles Unisvalves, dont une Aîlée, allongée, une Turbinite, une belle Olive noire, une petite Beccassine, deux Cornets, un Buccin singulier marbré sur sa clavicule, un autre petit Buccin rare, rayé de couleur canelle & canelé de petites canelures.

326. Cinq Coquilles unisvalves, dont un beau Scorpion mâle, une Tonne papieracée couleur d'un blanc de lait, une Aîlée allongée, un Lima Perroquet vert & un Buccin Tulippe.

327. Trois Coquilles Bisvalves, dont une belle feuille de choux, une imblicata ou fettiere, une Came coudée, & une belle Opercule.

328. Cinq Coquilles unisvalves, dont un Lima dépouillé à bouche rouge, espece de Perdrix, un Lepas en gondolle, une

Araignée espece de mille pates, une Aîlée nommée par quelques-uns la Tourterelle, & une Tonne papieracée.

329. Quatre Coquilles unisvalves, dont une belle Princesse, une Harpe, une Tonne cannelée, & une Coquille d'une très-belle Came.

330. Trois belles Coquilles unisvalves, dont l'Araignée mâle & la femelle, & une Tonne cannelée.

331. Quatre Coquilles unisvalves, dont un beau & gros Murex à cloux, une Tonne couleur d'olive à dents, nommée par les Hollandois le Bezoard, une autre Tonne cannelée à grosses lévres, & une Harpe.

332. Cinq Coquilles, dont quatre Bisvalves, sçavoir une belle & rare Came fond blanc, marbrée de différentes couleurs, une autre belle Came, espece de Corbeille, un Manteau Ducal fond rouge, une Teline rayonnée jaune, une Rape ou Lime.

333. Cinq Coquilles, dont quatre Bisvalves, sçavoir un beau Manteau Ducal nuancé de différentes couleurs, une belle Came à Point d'Hongrie, une espéce de Vieille ridée, une autre blanche & brune, & un Lepas blanc à côtes.

334. Six Coquilles Bisvalves, dont une

très-belle Saule couleur aurore & rayonnée, un Peigne blanc & violet, chargé de tubes vermiculaires, une Arche de Noé, une Teline fond blanc, dont la tête couleur de rose, une Came fausse Vieille ridée & une autre représentante une feuille tachée de couleurs.

335. Quatre Coquilles unisvalves, dont un Buccin rare, une Couronne d'Ethiopie colorée, un Lima, Peau de Serpent, & une Pourpre chicorée.

336. Cinq Coquilles unisvalves, dont une belle Géographique, une autre les yeux d'Argus, une belle Harpe, un Lima Perroquet, & une Tonne cannelée.

337. Quatre Coquilles unisvalves, dont une belle Couronne d'Ethiopie, un Scorpion, une Trompe Marine & une Aîlée allongée.

338. Cinq Coquilles Bisvalves, dont une belle Came dépouillée, fond jaune clair, une Huitre plate Orientale, une Teline coudée, un Peigne & une Came à rayons.

339. Cinq Cequilles Bisvalves, dont une fort belle feuille de Choux à Tubercules, marbrée de rouge, une autre Bisvalve coupée & rayonnée, une Teline cambrée, une petite Rappe blanche & une Teline rayonnée de violet.

540. Cinq Coquilles Porcelaine, dont une Géographique, & les yeux d'Argus, un Œuf, & deux autres Porcelaines.

541. Cinq Coquilles Unisvalves, dont une Porcelaine sculptée, où il y a un Cayement, une Couleuvre & des ramages, une Pourpre chicorée à fond blanc rayée de brun, un beau Scorpion, une Tonne cannelée fond blanc ondée d'un canelle clair & un Murex.

542. Quatre Coquilles Unisvalves, dont une fort belle Tine de Beure, d'un beau fond jaune & bien conservée, une belle Groupe de Glands marins, une belle Tonne cannelée fond blanc colorée & une fort jolie Trompe Marine.

543. Cinq Coquilles, dont une Bisvalve feuilles de choux, deux Pourpres chicorée fond blanc rayé de brun, & deux gros & beaux Murex.

544. Trois Coquilles, dont une belle Bisvalve feuilles de choux, une belle & grosse Chicorée à bonche rouge, bien conservée, un beau Casque à tubercules avec des rayes bleuës & blanches en zigue-zague.

545. Cinq productions tant marines que terrestres, dont un Madrépore sur une espece de Coquille Dauphin, un Œillet

marin, un belle Closopettre, une Corne Damon métallique, une branche d'un Madrépore singulier.

346. Cinq Coquilles, dont une Huitre épineuse à pointes aplaties non pareilles fond blanc & rouge, une belle & grosse Opercule, un Lepa en Gondolle, une Arraignée, & un Buccin Tulippe.

347. Cinq Coquilles, dont une Huitre sur un morceau de Production marine, un beau Buccin dépouillé à bouche rouge espece de Perdrix, une Huitre platte Orientale, élevée par plusieurs feuilletages, une Pourpre fond blanc & la plus grande partie noire, une autre Pourpre d'un blanc sale à rayes brunes.

348. Cinq Coquilles, dont une Huitre épineuse feuilletée fond blanc & rouge, un singulier Murex à cloux, une Pourpre blanche & grise, une autre blanche & jaune, & un Buccin à tubercules rayé de brun.

349. Cinq Productions Marines, dont un Madrepore sur une espece de Coquille Dauphin fort singulier, une fort belle Production Marine, espece de Madrere à pointes allongées, un Cerveau marin à rézeaux, une autre Astroïte & un morceau d'une Dent macheliere d'un Animal inconnu.

350. Six Productions Marines, dont un fort joli Œillet sur une Arche de Noé, un Madrépore sur une espece de Dauphin, un petit Madrepore, un Cerveau marin à rézeau, un autre Astroïte & un petit Madrepore rouge.

351. Cinq Productions marines, dont un fort joli espece de Madrepore, un autre sur une espece de Dauphin, un petit Cerveau marin astroïte qui a servi de demeure à une Moulle, un autre Cerveau marin à bride, & une Morille.

352. *Six* Coquilles Unisvalves, dont un Pourpre fond blanc bariolé d'un jaune obscur, une Minime d'une couleur singuliere, d'un jaune clair, une Tour de Babel, un Tigre ou Damier, un petit Buccin, & un fort beau Cornet, espece de Spectre.

353. Sept Coquilles unisvalves, dont une belle Chicorée rôtie, une belle Flamboyante, une Tour de Babel, un Mamellon brun, une Tonne blanche avec des taches d'un jaune foncé, un Buccin nommé par plusieurs le Dragon, & un Cornet fond blanc & brun.

354. Six Coquilles unisvalves, dont une fort grosse Chenille, un Murex à tubercules partie fond brun, un brocard de

ſoye, un petit Foudre, un Tigre & une Ecorchée.

355. Six Coquilles uniſvalves, dont un beau Pourpre chicorée rôtie à feuilles noires, & bouche rouge, un Porphyre, un Cierge Onix jaune, une fort jolie Porcelaine, un Foudre & un Lima Cul-de-lampe.

356. Six Coquilles Uniſvalves, dont un fort joli Pourpre fond blanc rayé de brun, & ſes feuilles d'un brun noir, une belle Bécaſſe non épineuſe, une Flamboyante, un Lima blanc contre partie de l'unique, une Grimace, & un Eperon.

357. Six Coquilles Uniſvalves, dont une Minime, une fort belle eſpece d'Aigrette, un Murex fond blanc marbré de brun, une petite Tonne, une Ecorchée, & un Buccin fond jaune.

358. Sept Coquilles, dont deux Murex rares, une Piquure de Mouche, un Buccin alongé jaune, deux petites Coquilles, dont une trompe Marine, & un Murex fond blanc taché de brun.

359. Cinq Coquilles Uniſvalves, dont un très-beau Murex à dents de Chien & ſes Tubercules noires fond blanc, la bouche couleur de paille, un autre de même eſpece bariollé de couleur de roze pâle, une belle Bécaſſe non épineuſe, un Aîlé,

Bouche noire & rouge & un Buccin, Tulippe.

360. Six Coquilles Unifvalves, dont un Murex à dents de Chien, une Chicorée rôtie, une Aîle de Chauve-Souris, deux Tulippes de différentes couleurs, & un Buccin cannelé, marbré de couleur brune rare.

361. Six Coquilles Unifvalves, dont un Murex à dents de Chien, deux Draps d'or de différentes couleurs, une Flamboyante, une Ecorchée & un Murex, fond brun.

362. Sept Coquilles Unifvalves, dont une Turbiniſte, un Murex rare, un Buccin à dents nuancé, une Aîlée, Bouche noire, un Buccin bariollé de brun clair, & deux Pourpre.

363. Sept Coquilles Unifvalves, dont une Turbiniſte, une Olive rare, une autre noire gaudronnée dans les bords avec une marbrure blanche,une petiteTulippe, une Bouche noire, un Buccin & unautre.

364. Sept Coquilles Unifvalves, dont une eſpece d'Amiral d'Orange, un fort beau Murex rare, un Buccin rare, deux petits Murex, une Pourpre, une petite Tonne.

365. Sept Coquilles Unifvalves, dont une Turbiniſte, une Olive rare, un Murex,

& quatre autres petites Coquilles, dont une Piquure de Mouche.

366. Sept Coquilles Unisvalves, dont une belle Turbinite, deux Murex rares, deux autres petits Murex & deux Buccins.

367. Six Coquilles Unisvalves, dont une belle Conque Persique, une Olive rare, un Murex, espece d'Aigrette à fond brun, deux petits Murex, & une Coquille d'Huitre agatifiée avec des couleurs rouges.

368. Cinq autres Coquilles Unisvalves, dont une espece de Conque Persique à Tubercules rayé de brun, un Murex à dents de Chien, une Grimace, une Pourpre, & un Buccin rare.

369. Cinq Coquilles, dont une grosse Chenille, deux Aîlées rayonnées, une Piquure de Mouche, une Volutte à zonne imitante l'Amiral.

370. Cinq Coquilles Unisvalves, dont une Grive, deux Olives rares, & deux Buccins jaunes.

371. Cinq Coquilles Unisvalves, dont une belle Turbinite, deux Aîlées à rayons, une Grimace, & une Gondolle.

372. Cinq Coquilles Unisvalves, dont une bellé Conque Persique, une Minime, une Piquure de Mouche, un Dauphin, & une Pourpre.

373. Cinq Coquilles Bisvalves, dont un Jambon papiracé & coudé, une espece de Magerlan, une Arche de Noé, une Came marbrée & une petite Imblicata.

374. Cinq Coquilles Bisvalves, dont une Saule représentante une Perspective avec des rayons d'un rouge pâle, une Huitre plate, une Epaulée, une Chagrinée avec des taches jaunes, & une Rape, dont partie dépouillée.

375. Cinq Coquilles Bisvalves, dont une belle Came dépouillée fond blanc avec des cercles rouges, un Conchas veneris, une Came, une autre gaudronnée, & une fort belle Telline épaulée de plusieurs couleurs.

376. Cinq Coquilles Bisvalves, dont une très-belle Telline épaulée fond aurore à dents, une petite huitre plate, une petite Came, espece de Corbeille, & deux Tellines, dont partie violette.

377. Cinq Coquilles Bisvalves, dont une belle Saule représentante une Perspective, une espece de feuille d'un blanc sale, une Moule de Papouë & deux Tellines.

378. Cinq Coquilles Bisvalves, dont une Telline qui a un côté plat, & l'autre relevé en bosse, représentante par sa couleur une Griblette bien cuite, une

Moule espece de Magellan, une petite imblicata, & deux Tellines, dont une à fond jaune, & l'autre rayée de violet.

379. Cinq Coquilles unisvalves, dont un fort joli Murex à cloux, un Tigre à bande jaune, un Aumus, une Onix & une Ecorchée.

380. Cinq Coquilles unisvalves, dont un beau Murex à dents de Chien, une Pourpre chicorée brune, un Buccin Tulippe, une Cordeliere, & une belle Becasse non épineuse.

381. Cinq Coquilles unisvalves, dont un gros & beau Porphyre, une Becasse épineuse, une petite Gondolle, & deux Ecorchées de différentes couleurs.

382. Cinq Coquilles unisvalves, dont deux belles Pourpres fond blanc à feuilles noires & bouche rouge, une Cordeliere, une Tulipe & une Becasse non épineuse.

383 Cinq Coquilles Unisvalves, dont une belle Minime, une Massuë d'Hercule de la grande espece, une Grimace, un Murex, & un petit Sabot.

384. Cinq Coquilles unisvalves, dont une belle Pourpre très-bien conservée fond blanc rayée de brun, une Massuë d'Hercule, une Pourpre aussi fond brun, une Tulipe & une Beçasse épineuse.

385. Quatre belles Coquilles unisvalves, dont une Conque Persique brute avec ses cordelettes, deux Ecorchées de différentes couleurs, & un Tigre à bande jaune.

386. Trois belles Coquilles Bisvalves, dont l'Imblicata, un Cœur feuille de Choux & un Peigne.

387. Quatre Coquilles unisvalves, dont un Buccin très-rare, une Grimace, un Murex à dents de Chien, & une Becasse non épineuse.

388. Quatre Coquilles unisvalves, dont un beau & gros Murex à cloux, une Cordeliere, une Tulipe, & un Sabot ou Pyramide.

389. Quatre Coquilles, dont une Huitre feuilletée fond jaune, nommée par plusieurs Lapoule, une belle & grosse Opercule, un Casque & un Murex à Tubercules, représentant un morceau de lard.

390. Sept Coquilles unisvalves, dont une petite Amirale de Ronsius, une espece de Muscade rare, un Lima rubanné, un petit Prépuce marbré & couronné de quelques pointes, deux petits Murex, & une espece de Mure noire.

391. Six Coquilles unisvalves, dont une unique terrestre, une espece de Muscade rare, une petite Pourpre, un petit Buccin

marbré fort singulier, ayant des dents à ses deux lévres, une petite Trompe marine, & un petit Maillot.

392. Cinq Coquilles unisvalves, dont deux très-beaux boutons de Camisolle, deux fort beaux petits Limas, un Murex Erisson, dont la bouche est couleur de rose.

393. Six Coquilles unisvalves, dont une petite Vis Amirale, un Cornet herminé, une Aîlée rayonnée, une petite Porcelaine singuliere, une Molette d'éperon, & une Pourpre.

394. Cinq Coquilles unisvalves, dont un Amiral d'Orange, une Gauffrée espece de Grimace, une petite Conque Persique, & deux petites Pourpres.

395. Six Coquilles unisvalves, dont une Vis Amirale de Ronfius, deux Aîlées à bandes, deux petites Pourpres, & un petit Drap.

396. Six Coquilles unisvalves, dont un très-rare Buccin, un Lima gris, une espece de petite Conque Persique à tubercules, deux petites Pourpres, un fort joli Buccin cannelé.

397. Six Coquilles unisvalves, dont une Vis Amirale, deux Olives de la rare espece, deux petites Pourpres, un Buccin à dents fond blanc taché de jaune,

couvert de boutons en relief comme ceux de la vérole.

398. Sept Coquilles unisvalves, dont un Amiral d'Orange, deux petites Aîlées rayonnées, deux petites Pourpres, & deux petits Buccins.

399. Cinq Coquilles unisvalves, dont un Buccin rare à cloux, une Cordeliere de couleur singuliere, deux Tulipes de différentes couleurs, & une Grimace.

400. Cinq Coquilles unisvalves, dont une très-belle Pourpre fond blanc, & ses feuilles d'un jaune foncé, une belle Opercule, une Harpe, & deux Tonnes de la rare espece.

401. Cinq Coquilles unisvalves, dont un beau Buccin dragon fond jaune à bouche reployée, & le dedans d'un très-beau blanc, un beau Rocher à Tubercules, représentant un morceau de lard, un Tigre ou Damier, & deux belles Ecorchées de différentes couleurs.

402. Cinq Coquilles Unisvalves, dont un fort joli Arrosoir, deux Becassines, une Tonne à Tubercule, une autre cannelée fond blanc à bouche jaune.

403. Cinq Coquilles Unisvalves, dont une belle Pourpre à pointes reployées & brunes sur un fond blanc rayé de brun, une

autre Pourpre, un Buccin raré, un Tigre à bande jaune, & une Ecorchée.

404. Cinq Coquilles Unisvalves, dont une fort belle Pourpre, Pattes de Crapaud, une autre Pourpre toute brune, un Murex à Tubercules représentant un morceau de Lard, une petite Tonne & un Gland marin.

405. Cinq Coquilles Unisvalves, dont une très-belle Pourpre à fond blanc, avec des rayes brunes, & les feuilles couleur de rose, une espece de grosse Mollette d'éperon en sabot, un Prépuce marbré, un Gland marin, & une Tonne à Tubercules.

406. Cinq Coquilles, dont trois Bisvalves, sçavoir une belle Huitre épineuse, dont les épines sont blanches & le fond gris, une petite Huitre en partie couleur de rose, une Came marbrée & deux Becassines.

407. Cinq Coquilles unisvalves, dont un Amiral façon de celui d'Orange, deux fort belles petites Pourpres, & deux Tonnes différentes.

408. Cinq Coquilles unisvalves, dont un très-beau Buccin fond jaune, orné d'une cordelette blanche & rouge tout autour de sa clavicule, une belle Minime, une Pourpre, un Groupe de

Glands Marins, & une Came.

409. Cinq Coquilles, dont une belle Bisvalve, sçavoir une Huitre feuilletée fond jaune, une belle Pourpre rôtie, une autre fort belle fond jaune, & les Tubercules couleur de rose, & deux Tonnes, dont une cannelée.

410. Cinq Coquilles, dont une belle Bisvalve, Huitre épineuse blanche & rouge, deux belles Pourpres rôties, & deux autres Pourpres.

411. Cinq Coquilles, dont une belle Bisvalve crête de Coq couleur de vin, un Mamellon Oriental cansereux, deux Pourpres & un Murex à tubercules.

412. Cinq Coquilles, dont une Bisvalve, Huitre épineuse à pointes applaties couleur de chair foncées, un Lepa Oriental, deux Tonnes nommées Perdrix & une Gondolle espece de Prépuce.

413. Deux beaux Madrepores Œillets marins dont un à plusieurs Cailloux & Cerveaux marins astroïtes adhérentes, & deux morceaux de Fluors prisme d'Amatiste.

414. Quatre Coquilles Unisvalves dont une espece de Conque Persique nommée par plusieurs la Mître rare, un Murex à

tubercules de couleur brune, un Bernard l'Hermite, & une grosse Came.

415. Cinq Coquilles Unisvalves, dont un beau petit Murex à tubercules fond Canelle & nuancé de blanc à Tris, un Buccin très-singulier fond brun & à bandes jaunes, représentant un Ruban, une Piquure de Mouche, une Ecorchée & un Tigre ou Damier.

416. Quatre Coquilles Unisvalves, dont un très-belle Conque Persique à zonne tachetée de blanc & de noir, une belle Minime, un Sabot & une Groupe de Glands marins.

417. Un très-beau Œillet marin, représentant un Trefle sur une branche de Madrepore, & deux Cerveaux marins dont un à bride & l'autre Astroïte.

418. Trois Coquilles, dont une belle & grosse Bisvalve feuille de choux, bien colorée de rouge foncé, une Tonne Perdrix, & un Casque.

419. Quatre Coquilles Unisvalves, dont une belle Conque Persique, un beau Murex à tubercules fond blanc rayé de brun & ses pointes noires & deux Tonnes, dont une cannelée.

420. Quatre Coquilles Unisvalves, dont une rare petite Oreille de Midas, une

Thiarre, une Mître & une Vis.

421. Deux beaux Madrepores, Œillets marins, un petit Madrépore rouge, un autre petit Madrépore ſur une eſpece de Coquille Dauphin.

422. Cinq Coquilles Uniſvalves, dont un très-rare petit Buccin, & un autre auſſi rare, deux Ecorchées de différentes couleurs, & un Tigre à bandes jaunes.

423. Quatre Coquilles, dont une belle Biſvalve Huitre épineuſe couleur de roſe, deux petites Aîlées à zonnes rares & un Tigre.

424. Un beau morceau de Criſtal de Roche de Batavia d'un goût ſingulier, une Trompe marine & une Coquille de Tortue amphibie.

425. Quatre belles Coquilles, une belle Amirale, deux belles & grandes Aîlées, & un Lima peau de Serpent.

426. Cinq Coquilles, dont deux beaux petits Buccins à dent fond blanc tachetés de cannelle, deux différentes Ecorchées & un Foudre.

427. Quatre Coquilles uniſvalves, dont une eſpece de Navet fort rare, une Couronne Imperiale, un Tigre à bande jaune, un fort joli Cornet dépouillé violet.

418. Cinq Coquilles uniſvalves, dont un

beau arrosoir, ou brandon d'amour bien conservé, une grosse Tonne cannelée, & trois Cornets, dont un très-beau Damier.

429. Quatre Coquilles unisvalves, dont un très-beau Buccin fond jaune avec une Cordelette de différentes couleurs dans les étages de sa clavicule, un rare Buccin, un Murex à Tubercules & un autre.

430. Quatre Coquilles unisvalves dont un très-beau Amiral, une fort belle Nerite, & deux très-jolis Buccins aîlés.

431. Quatre Coquilles, dont une belle Huître feuilletée couleur de Pourpre, deux Cornets de différentes couleurs, & une Onix.

432. Quatre Coquilles, dont deux très-belles petites Huitres épineuses, fond blanc avec des couleurs de roze représentantes deux Gâteaux feuilletés, un Buccin & un Murex.

433. Un superbe petit Madrepore ou Production Marine à Tubercules représentant à-peu-près un Hérisson de Chataigne, ce morceau est très-singulier, n'ayant jamais été attaché à aucune Plante, il paroît qu'il n'a jamais eu aucune racine, selon toute apparence, on peut présumer qu'il a crû en flottant en Mer parmi des Lithophites flexibles, & deux différentes Tonnes.

434. Quatre Coquilles Unisvalves, dont une très-belle, grande Gondolle orientée comme une véritable & transparente Sardoine, deux belles Olives & une Turbinite.

435. Un très-beau Madrepore Œillet, crû sur un morceau de Lithophite qui traverse de part en part, & trois Coquilles, sçavoir une Cordeliere, une Pourpre, & un Gland Marin.

436. Un superbe Madrepore Œillet, adhérant à un Caillou, & plusieurs petits Cerveaux marins de différentes especes adhérents aussi auxdits Cailloux, deux Coquilles, dont une Tulippe & une Grimace.

437. Un très-beau Madrepore représentant un Choux-fleurs, où il y a une Huitre épineuse couleur de Citron, deux autres petites Huitres adhérantes, & deux beaux Cornets, Damiers de différentes especes.

438. Une fort belle Conque Persique, deux petites Minimes, & une espece de Navet très-singuliers.

439. Quatre Coquilles, dont trois Bisvalves, sçavoir un beau Grouppe, Crête de Cocq, deux Manteaux Ducaux, & un Murex à Tubercules, fond blanc & les pointes brunes.

440. Un rare morceau de Criſtal de Roche de Batavia très-ſingulier, attendu que ſes canons ſont coupés tranſverſalement, & pleins d'Accidens fort jolis, le deſſous dudit morceau eſt métallique, ſçavoir d'argent & de plomb.

441. Quatre Coquilles, dont une belle Huitre épineuſe à grandes pointes, couleur de ſafran, ſur laquelle il y a un petit Caillou retenu par pluſieurs pointes courbées, un Dauphin, une Chicorée rôtie & un Lepas.

www.ingramcontent.com/pod-product-compliance
Ingram Content Group UK Ltd.
Pitfield, Milton Keynes, MK11 3LW, UK
UKHW022125260726
13993UKWH00003B/1231